我的第一本科学漫画书

热带雨林

历险记④

大战湾鳄

U0270787

我的第一本科学漫画书

热带雨林历险记 ④

大战湾鳄

[韩]洪在彻/文
[韩]李泰虎/图
苟振红/译

21
二十一世纪出版社
21st Century Publishing House
全国百佳出版社

"哇,还有这么高的树啊?"

发出这种感慨,是初次前往婆罗洲热带雨林考察时。乘着船沿江而下,迎面而来的浩瀚雨林,令我惊得一时合不拢嘴。参天的雨林比城市里的摩天大厦还要高,枝繁叶茂,遮天蔽日。眼见这壮观的景色,想到雨林中繁衍生息着许多人类连名字都不知道的生物,不由得赞叹自然的神秘与伟大。

热带雨林可谓是地球的肺。热带雨林制造的氧气几乎占地球全部氧气量的一半左右;假如热带雨林消失了,二氧化碳将导致全球变暖,地球的气温就会持续上升,直至令人类消亡。据统计,全世界一千万种动物中,有一半以上生活在热带雨林中。马来半岛仅五十万平方米的热带雨林中的植物种类比整个北美大陆还要多。

热带雨林是未知的土地。人类对热带雨林还不及对月球了解得多,婆罗洲热带雨林的很多地方至今人类还未涉足。热带雨林(Jungle)一词源自古印度的梵文 Jangalam,意为"未开垦的地域"。那里有形形色色的美丽花朵和奇形怪状的昆虫,有能够在天上飞的蛇,还有生活在树上的青蛙等。热带雨林中,有很多我们匪夷所思的动物自由、和谐地生活在一起。

刚进入热带雨林时,四周被参天大树包围得严严实实,根本分不清东西南北。置身其中，让人有一种莫名的恐惧，很怕遭到毒蛇或猛兽的突然袭击。有时我们甚至想，独自一人要在热带雨林中生存，是不是几乎不可能？

　　书中我们的主人公小宇、阿拉和萨莉玛由于意外的事故闯入了神秘而危险的热带雨林。在雨林中他们遇到了什么呢？他们能够战胜雨林中的各种艰险，成功地生存下来吗？小朋友，现在就和他们一起去发现和体验热带雨林的神秘吧！

洪在彻、李泰虎　2009 年 10 月

目录

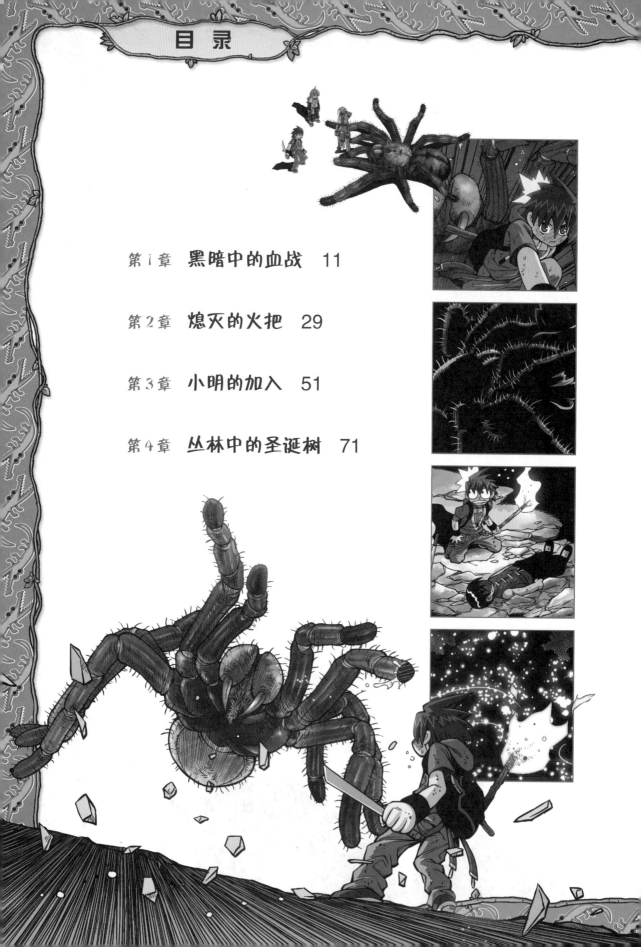

小宇

　　拥有超凡的勇气、一颗处处为朋友着想的心和本能的危机感知力，是雨林探险的最佳人选。但他无休无止的玩笑，偶尔也会引发事端。他曾经是探险小组中唯一的男生，小明的出现激发了他强烈的竞争意识。

优点：积极开朗的性格。

缺点：对自己不感兴趣的领域，一无所知。

阿拉

　　比起做或说来，她是想法更为超前的成熟少女。拥有可爱的外表，但对小宇却往往表现出野蛮的一面。在雨林探险的过程中，自身隐藏的勇气与力量逐渐显现。

优点：意外的勇气。

缺点：谨慎的性格与较弱的体力。

萨莉玛

　　稔熟雨林的环境与生态的生存专家,也是理性而冷静的丛林女战士。敏锐地觉察到婆罗洲雨林中近来发生的一系列超自然事件与哥哥一行的失踪有一定的关系。

优点:缜密的判断力。

缺点:在与哥哥相关的事情上,常常变得冲动,失去冷静。

小明

　　跟随隶属于"无国界医生组织"的父亲来婆罗洲雨林访问的中国少年,具有阿拉和萨莉玛的优点,差点成为怪物塔兰托毒蛛的食物。摆脱危险后他加入了探险小组,大家以为他能有萨莉玛哥哥的消息,不过……

优点:丰富的科学知识与冷静而卓越的判断力。

缺点:对其他人(尤其是小宇)的感情比较迟钝。

第1章 黑暗中的血战

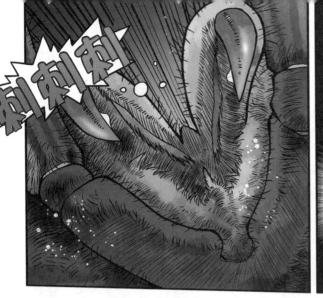

刺刺刺

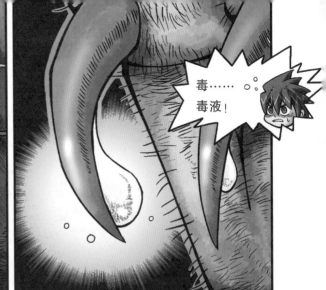

毒……
毒液!

刺刺

呼呼

呼

呼

这么多毒液，如果被它刺中就完蛋了。

刺刺

它在向后退呢!

呼呼

呼呼

不要追!

塔兰托毒蛛有超强的跳跃能力，它可能会突然扑上来，所以要尽量和它保持距离!

知道了!

哎呀！
火把……

鸣啊

小宇！

谢谢你，萨莉玛。没想到它居然会打掉我的火把。

这家伙太厉害，我们决不能有一点疏忽。

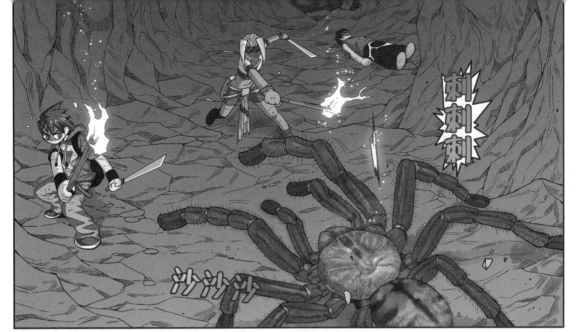

剌剌剌

沙沙沙

呃……嗯。

呃……嗯……

呃……

萨莉玛，
千万别分神！

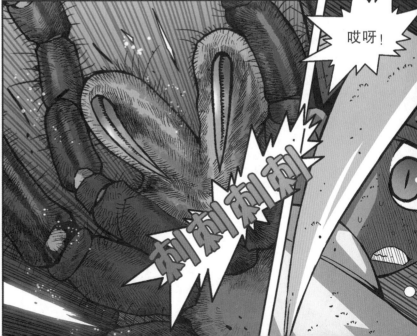

哎呀！

剌剌剌剌

塔兰托毒蛛的分类

　　塔兰托毒蛛按照其生活区域的不同，可分为生活在亚洲、欧洲、非洲等地的旧大陆种(Old World Tarantulas)与生活在美洲、澳大利亚等地的新大陆种(New World Tarantulas)。它们不仅仅是单纯的生活区域的不同，在习性上也存在着很大的差异。

●旧大陆种：动作灵活、性情凶猛的攻击型塔兰托毒蛛。遇到敌人时，会立即抬起前腿，移动毒牙，摆出攻击的架势。如果敌人没有逃走，它们会迅速扑上去咬住对方。地老虎、橙巴布、新加坡蓝等是典型的旧大陆种塔兰托毒蛛。

新加坡蓝 (Lampropelma violaceopes)
栖息地：东南亚
体　长：2~3厘米

●新大陆种　与旧大陆种相比较为温顺，觉察到危险时，会用后腿蹭屁股，向敌人挥撒绒毛。新大陆种塔兰托毒蛛的毛里有对人类皮肤有刺激性的成分，接触后会产生刺痛或刺痒。食鸟蛛、火玫瑰、白膝头等是典型的新大陆种塔兰托毒蛛。

巴西鲑鱼粉红食鸟蛛 (Lasiodora parahybana)
栖息地：巴西的热带雨林
体　长：25厘米左右

第2章　熄灭的火把

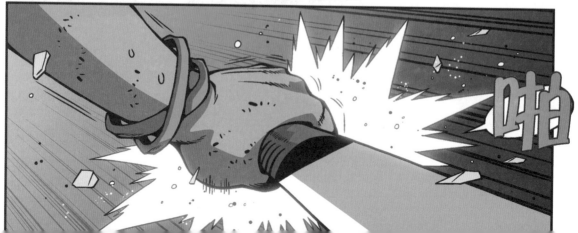

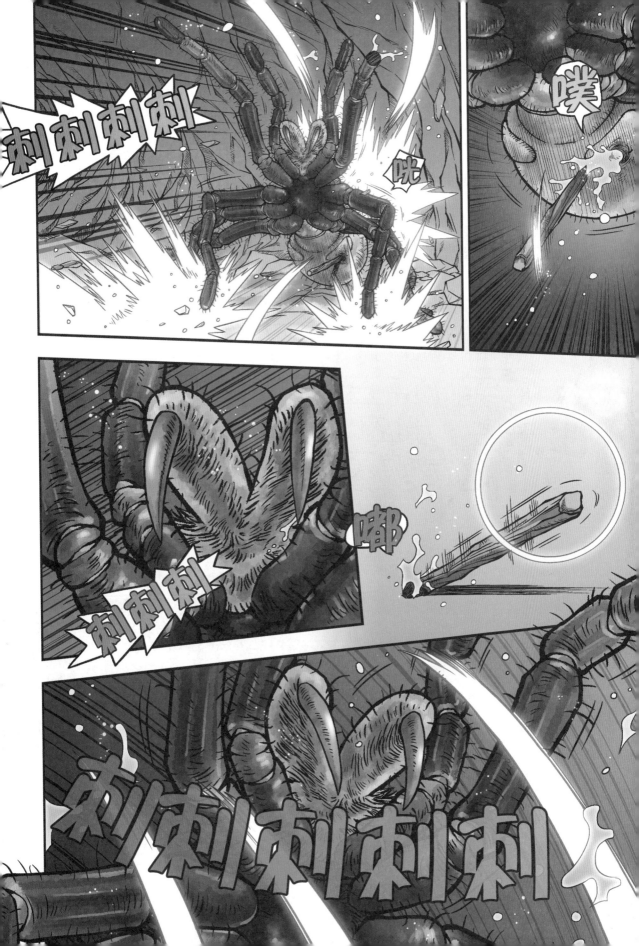

刺刺 刺刺

什么都看不见了，一片漆黑。

啊！

呃啊！

它倒在我身上，我浑身粘满了蜘蛛毛，又痒又痛。

小宇，你没事吧？

嗯，但身体完全动不了。

稍等一会儿。

摸索摸索

刺刺刺

刺刺

刺刺刺

啪嗒

刺刺

在被毒牙刺中之前，要赶快逃出去。

啊，凉凉的！莫非……莫非是毒液？

刺刺刺

嗖嗖嗖

还是靠自己吧。对了，就攻击它刚才被萨莉玛刺中的伤口好了！

嘟嘟。

嘟嘟。

嘟。

你听到那个声音了吗？塔兰托毒蛛好像在移动。

这家伙,到底想干什么？

对了,我还有手电。

嘟嘟。

嘟嘟。

帮我从背包里拿出来!

咦,那家伙怎么没动静了?找到电筒就快点打开吧!

翻找

翻找

知道了。

塔兰托毒蛛消失了!

吭

这么一会儿居然织了蜘蛛网把通道封住了!

嗯?

刚才那声音就是织蜘蛛网时泥土掉落的声音,真是个狡猾的家伙。

快把那家伙找出来!

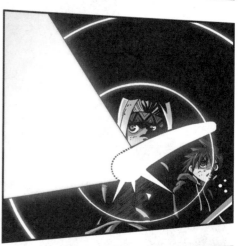

刺刺

刺刺

在那儿!

我好担心你们……
你们没事真是太好了!

阿拉,把火把给我。

嗯。

萨莉玛,这样走掉的话那家伙肯定会继续害人的。我们把它处理了吧!

好。

呼啦啦

刺刺
刺刺刺

噔噔噔

刺刺

刺刺
刺刺刺

它刚被火花溅到受了惊吓,现在正是机会!

神秘的蜘蛛网

●**蜘蛛网的用途**：蜘蛛利用蜘蛛网结巢居住、捕猎食物以及移动。有趣的是，有的蜘蛛甚至还可以利用蜘蛛网来飞行。蜘蛛爬到高处后，向着风吹的方向吐出蜘蛛丝，然后悬挂在像风筝一样飞起的蜘蛛网上飞行。大部分蜘蛛的飞行距离都很短，但据说有些蜘蛛可以利用这种方式漂洋过海。

●**蜘蛛网的特征**：蜘蛛网的强度大约为同等粗细的钢丝的五倍。假如蜘蛛网的厚度为 1 毫米，那么一个体重 80 千克的成年人悬挂在上面它也不会断裂。更让人意想不到的是，强度如此大的蜘蛛网本身的重量却轻若羽毛。用一股蜘蛛丝绕地球一周，其重量也不超过 500 克。

多种形态的蜘蛛之家

©Tim McCormack

■ 圆形网

©Xvazquez

■ 通道形网

©mrspiderjoe@flickr

■ 帐篷形网

第3章 小明的加入

喂，它已经死了，你可以放心了。

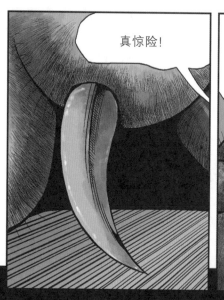

真惊险！

一想到差点被这毒牙刺中，我现在腿还打战呢！

这就是"马来西亚地老虎"呀。

怎么沾上"虎"字的家伙都如此凶猛呢？

"虎甲虫"也是这样……

所以名字里才有"虎"字嘛。

"地老虎"不仅长着长而结实的腿、发达的吸盘，而且还是同时具有集中性、徘徊性和乔木性三种特性的塔兰托毒蛛。

亚洲的塔兰托毒蛛大部分都极富攻击性，其中最凶猛的就是"地老虎"。它们不允许任何动物接近自己，甚至是比自己块头更大的动物，它们都会无所畏惧地迎头而上。

没被"地老虎"伤到，反而杀了它，实在是太幸运了。

是吗……

萨莉玛，那个躺着的人是你哥哥吗？

不是我哥哥,我不知该感到庆幸还是不幸……

刚才我就觉得不对,他好像和我们差不多大呢。

嗨,快醒醒!醒醒!

呼吸很微弱,还活着吗?

假如中了大剂量的塔兰托毒蛛的毒,可能会有生命危险。

什么,什么?

是不是要做人工呼吸呢?

你没事吧?

……

你……
你是谁?

这里是什么地方?

那……那是?

呃啊啊,
是塔兰托毒蛛!

哎哟,本想救人的,
这算什么啊?

居然对你的
救命恩人……

呃!

吓坏了吧？

别担心,"地老虎"已经被解决了。

那么大的怪物？

我拼了命救你,可你居然打了我两次？想和我比试比试吗？

他失去意识后刚醒过来又受了惊吓才会这样嘛,你就不能理解一下吗？

我挨打你都看到了,你怎么还向着他呢？

这点小事,大惊小怪什么呀……

谢谢你救了我,刚才对不起了。

呃呃!

别勉强,先坐一会儿吧。

呃呃呃……

哎,伤得很厉害啊。

伤得这么重,只涂消毒药行吗?

没关系,我还能动弹,已经很满足了。

药已经涂好了,你要注意别让伤口感染。

……

怎么这小·子老盯着阿拉看啊?

……

你爸爸是不是在"无国界医生组织"里工作啊?

哎?

是啊,你是怎么知道的?

果然没错!

你是阿拉吧？你不认识我了吗？

连我的名字也……

三年前我爸爸和你爸爸在非洲喀麦隆执行医疗援助任务的时候我们不是见过吗！

什么呀？你们原来认识吗？

什么？

非洲的话……

嗨嗨嗨！

嗬嗬嗬。

哇，好厉害！

啊，想起来了！

啪！啪！

你是用竹竿做棍术表演的那个孩子，对吧？

那会儿的小不点长这么大了，真神奇啊！

真是……

那时候你也是小不点吧？

不过你叫什么名字来着？小龙？小伦？

真的认识啊？

小明！

……

小明,走了好一段了,往这边走能走到江边吧?

我记得是那样,不过天黑了我不敢保证。要是错了怎么办呢?

那我们仔细听听水流的声音在哪个方向。晚上地表的温度比空气的温度低,声音是向下传播的,能比白天听得更清楚。

再加上丛林里湿度高,更利于声音传播,所以能听到江水流动的声音。

啊,是这样。

嘘,安静一点!
我听到水声了。

在那边!

我怎么一点
没听到呢?!

你们只要相信我的
动物性感觉就行了。

终于找到了,
好累啊!

很了不起嘛。

哗啦啦

现在我也
听到了。

到了。

什么……
什么呀?

哎?!

噗噜噜

哗啦啦

原……原来是苏门答腊
犀牛撒尿的声音。

你的耳朵可真灵。
连这都听得到……

快跑吧,免得
它追我们。

到江边了！

哗啦啦啦

哇哈哈哈,我的听觉果然灵敏啊！这么快就找到了,你们还不感谢我?

我果然了不起。

他已经不记得刚才犀牛的事儿了吗?

呃,看来是那样。

他经常这样的。

在树林里先找个地方休息吧。

哗啦啦

萨莉玛,就睡在这里不行吗?

如果下雨,江水上涨会把这里淹没,而且江边可能会有猛兽出没,所以很危险。

啊。

原来这样。

生存常识很丰富嘛!

在我们睡觉的地方多垫些树叶,蛇和毒虫遇到这些障碍物会绕开,这样我们就安全了。

原来如此。

我们回来了。

这些应该足够了。

我来做个简易窝棚吧。

呼!

啪嗒啪嗒

啪嗒

小·明说没见过哥哥,那哥哥现在到底在哪儿呢?

啪啪

啪

小明,雨林里充满着危险,你一个人居然能活下来,真了不起。

可我差点被塔兰托毒蛛吃进肚子里……

别忘了是我们救了你。

这个……

扑棱棱

嗯?

是萤火虫!

扑棱棱

啪嗒

哎呀!

不用担心!

危险,别跟着它们!

我把它抓来给你玩。

哎呀呀,你真是一刻都不消停。

能看到城市里罕见的萤火虫,好激动呀!

扑棱棱棱

哦,不是一只两只啊?这么多……

哇!得超过一百只了吧。

一闪一闪的,好像霓虹灯。

这附近有萤火虫的集中栖息地吗?
小宇,在这儿干什么呢?快回去吧。
看什么呢?看得这么着迷!
阿拉,你快过来看……
看那儿,江对面。
呃嗯?!
?

什么是声音?

● **声波与声音**:声波是指弹性媒质(由于外力作用引起变形,当外力消失后能恢复原来状态的物质)中传播的一种机械波。声波传入人耳,引起鼓膜振动,刺激听神经而产生的就是声音。但人类只能听见频率为 20~20000Hz(赫兹,1 秒内振动的次数)的声波。

● **声音的速度**:我们听到的声音一般是通过空气的振动传播的。20℃时,空气中声音的速度是 344 米/秒,温度越高速度越快。声音的速度在水中约为 1500 米/秒,在钢铁里约为 5000 米/秒,传导物质的密度越高,速度也越快。下雨天声音听得更清楚,是因为湿度升高声音的传播速度也相应地增快。

● **超声波与次声波**:频率超过 20000Hz 的声波叫超声波,人类无法听见超声波,但蝙蝠、海豚、海鸥等动物既可以发出超声波,也可以听到超声波。频率低于 20Hz 的声波叫次声波,次声波的特征是可以传播到很远。蝙蝠发出的超声波传播距离不过 20 米,但大象发出的次声波传播距离能达数千米。

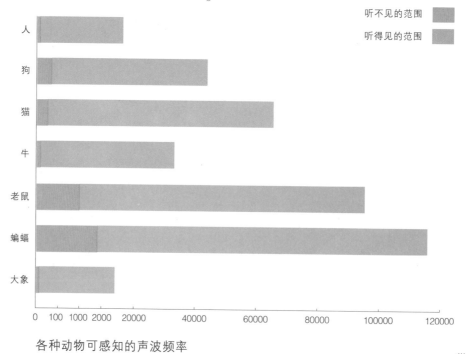

各种动物可感知的声波频率

第4章 丛林中的圣诞树

这么看来,基因突变不仅会令动物体型变大,还会引发大繁殖*啊。

什么?

萤火虫有数千只,不,有数万只吧。

没想到能看到这样的美景……

*大繁殖:某种生物的个体数大幅度增加的现象。

喂,你怎么一看到神奇的东西就联想到基因突变啊?

在热带雨林里,看到这种萤火虫群是非常正常的,正常!

是……是吗?

萤火虫只生活在无污染的环境中,所以是典型的环境指标性昆虫。看到这么多的萤火虫,切实感到热带雨林真的是"生物多样性的宝库"。

知道了。

你当老师再合适不过了。

平时一两只都很难见到,一下子看见这么多我才那么想的。

不过萤火虫是怎么发光的呢？

萤火虫的发光器官位于腹部的第 6~7 节。雄性萤火虫两节都可以发光，但雌性萤火虫只有第 6 节能发光。

触角
头部
复眼
前翅
胸部
后翅
腹部
发光部位

雄性　雌性
发光部位

雄性的腹部第 6~7 节、雌性的腹部第 6 节会发光。

发光器官的细胞中存在名为"荧光素"的发光蛋白质与名为"荧光素酶"的酶。它们与萤火虫呼吸时吸入的氧气相结合，产生化学反应而发出光。

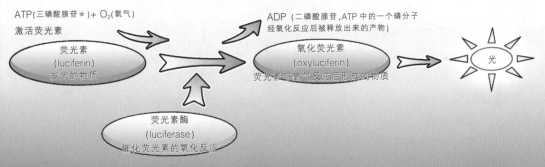

ATP(三磷酸腺苷＊)＋ O₂(氧气)
激活荧光素

ADP (二磷酸腺苷，ATP 中的一个磷分子经氧化反应后被释放出来的产物)

荧光素
(luciferin)
发光的物质

氧化荧光素
(oxyluciferin)
荧光素与氧气反应后形成的物质

光

荧光素酶
(luciferase)
催化荧光素的氧化反应

＊三磷酸腺苷：存在于生物细胞中的一种高能磷酸化合物。

从前在城市里也很常见的……

到这儿来，萤火虫！

我不会抓你们的！

怒火中烧

哈哈哈

这……这家伙真是！

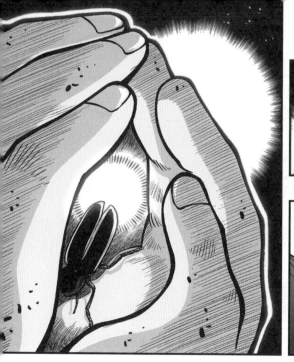

它发出这么明亮的光，可它的身体却一点也不烫，真神奇。

光的温度不过四十万分之一度。

那不是几乎相当于0度吗？

所以萤火虫发出的光叫做"冷光"。

发热光的灯泡之所以炙热，是因为灯泡必须利用电能将灯泡中的钨丝加热到一定温度后才能发光。

萤火虫

冷光
无
100%

VS

光源
热损失
效率

灯泡

热光
高
10%

飞吧！

扑棱棱

就算被雨淋风吹，萤火虫的光也不会熄灭，如果能把它发光的原理用于实际生活中，那将给人类带来多少便利呀！

科学技术日益发展，应该很快就有那么一天了吧？

我让你看点有趣的东西。

有趣的东西？在这里？

看着这棵树上萤火虫的光。

在光亮变得微弱的时候……

将火把像这样靠过去……

呼啦

呼

啦

啦

啊!

又亮起来了,而且比刚才更亮更灿烂。

怎么样?神奇吧?

萤火虫的光亮是它们向异性发送的求爱信号。

啊哈,为了求偶才聚到一起的呀。

嗯,它们怕自己的光亮被突然出现的火把给比下去,所以更使劲地发光呢。

每种萤火虫发光的时长和频率都各不相同,所以同一种类的能彼此相认。

栖息在北美的几种萤火虫的发光形式

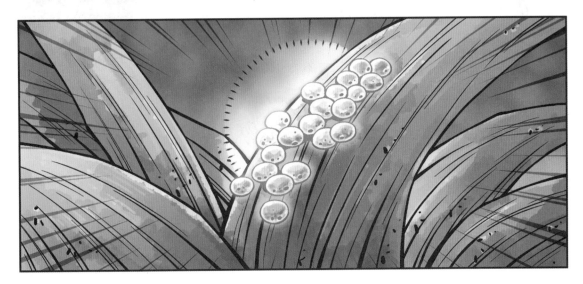

阿拉,这是不是萤火虫的卵?

是啊,居然连卵都发现了。

难道萤火虫的卵也会发光吗?

嗯,萤火虫很神奇的,在卵、幼虫、蛹、成虫所有的成长阶段都会发光。

卵　　　幼虫　　　蛹　　　成虫

那真是奇怪。在变成成虫之前发光的话,不是很容易被天敌发现吗?

是生存致命的弱点吧……

大自然中耀眼的颜色或花纹都具有警示作用,所以萤火虫才那样吧?

也是,有可能是那样。

阿拉,人和萤火虫有共通的地方,你知道是什么吗?

是吗?还有共通的地方?

……

雄萤会朝着雌萤的光亮飞去。

啪嗒嗒

嘭

就像美丽且有香味的花朵上,蜜蜂总是聚集得更多,人类也一样吧?

啪嗒 啪嗒

我看你不是蜜蜂,而是粪蝇吧!

呼呼呼

咣

小明。

嗯？

我们的目的地是普南族的村落，你在那里的时候有没有发现那附近的丛林有什么异常？

我在那儿停留了不到一周，没看出丛林有什么异常。不过听到过奇怪的传闻。

奇怪的传闻？

嗯。

听说在离村子很远的丛林中不断有树木的叶子掉光甚至枯死；有人遇到了比人还要大的金龟子；

还有人说狩猎用的窝棚被破坏了……原本以为这些都是谣言，现在看来不像是谣传了。

小明,有没有人说丛林变得奇怪是从天上掉下一个火球开始的?

是的……你怎么知道?

你也看见了吗?

果然是因为火球的原因,一定是!

不过和火球有什么关系呢?

我们回来了。

多亏了小明,我们知道"无国界医生组织"的营地位置了。

太好了。

不过问题是那边的丛林好像也不正常。

是吗?

那"无国界医生组织"的营地也可能会搬往其他地方!

明天再考虑这问题也不迟,要想早起现在就得睡了。

……

嗯。

嗡嗡~

……

嗡嗡嗡嗡~

嗡嗡嗡嗡嗡~

喂，你不睡觉在干吗呢？让别人也睡不着！

啊……没睡吗？

坐起

我在等待屎的出现，算是一种排便运动吧？

啊——滚一边去！有多远滚多远！

我去别处睡了。

因为蚊子太烦人，我想用超音速结束排便来着……

嗡嗡

嗡~

嗡~

嘣嘣 嘣嘣

萤火虫为什么会发光？

除萤火虫之外，海洋水母、深海安康鱼等能发光的动物还有很多。不过大部分动物都是为了生存而发光，例如诱引猎物或躲避天敌的攻击。为求偶而发光的动物只有萤火虫。雄性萤火虫闪着光亮飞行时，在树上的雌萤会用闪烁的光亮应答，以此完成求偶所需的意识沟通。

萤火虫的发光原理

萤火虫尾部的发光器官里有发光的物质荧光素、贮存能量的ATP以及荧光素酶。荧光素被ATP激活后，在荧光素酶的催化作用下，与通过呼吸获取的氧气相遇，产生氧化作用并开始发光。

萤火虫尾部的
发光器官

©GoreGrindingGoddess

用光亮求爱的萤火虫

萤火虫的一生

　　萤火虫的一生要经历卵、幼虫、蛹与成虫四个阶段,生命周期约为一年。但其幼虫期较长,而成虫期很短,成虫期包括求偶、产卵在内也不过 15 天。萤火虫的一生的成长示意图如下:

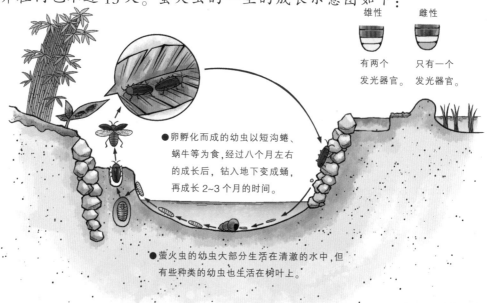

雄性　　　　雌性

有两个　　　只有一个
发光器官。　发光器官。

● 卵孵化而成的幼虫以短沟蜷、蜗牛等为食,经过八个月左右的成长后,钻入地下变成蛹,再成长 2~3 个月的时间。

● 萤火虫的幼虫大部分生活在清澈的水中,但有些种类的幼虫也生活在树叶上。

萤火虫的灭种危机

　　就在几十年前,见到萤火虫也不是件困难的事情。但如今萤火虫的个体数急剧减少,萤火虫濒临灭绝的危险。造成萤火虫濒临灭绝的原因主要是环境污染和城市化。

● 环境污染:萤火虫的幼虫靠捕食只能生活在无污染水源中的短沟蜷或蜗牛类为生。由于环境污染,萤火虫幼虫的食物消失,萤火虫也面临着灭绝的危险。

● 城市化:萤火虫靠夜晚交换闪烁的信号来求偶。但随着城市化进程的加快,光污染日益严重,萤火虫的求偶变得困难,因此也造成其数量急剧减少。

第 5 章　渡江准备

没想到江面这么宽。

哗啦啦啦啦

糟糕了呢。

当然了,这条江是由许多小支流汇集在一起形成的。

在浩瀚的热带雨林里,一场大暴雨就能使江面在几小时内增宽几十米。

哗哗哗哗哗

那现在怎么办?绕着江走的话要花很长的时间……

什么怎么办?交给我吧!

一二!

一二!

又登场了，泰山裤。

正犯病呢!

他在干什么呀?

现在我描述一下我天才般的计划，你们听好了。

找些藤蔓，一头固定在大树上，另一头绑在我身上。

我发挥我超一流的游泳技巧游到江对岸。

再把藤蔓的另一头绑在对岸的大树上。

哇哈哈哈哈!怎么样?是奇思妙想吧?

你是傻子吗?我估计你游不到一半就会被江水吞没!

什么?

喂,还没开始呢,说什么丧气话?

我来解释一下。

首先,江水的流速比看到的更快,要想在水中游泳根本不可能。

哗啦 哗啦 哗啦

其次,热带雨林的江水中常常有很多漂浮物,江水浑浊看不清水下,完全无法预料在水中会遇到怎样的危险。

哼,我不在乎。我可不像你这么胆小。

上幼儿园时我就被称为海狗,让你见识见识游泳天才的实力吧。

切

这……这是什么?

哗 哗 哗 啊

游得再好也没办法了……

嗯……既然你们这么担心我，我考虑再三，还是算了吧。

自欺欺人啊，自欺欺人！

我可不是害怕哟。

做个竹筏怎么样？

竹筏？

是啊，竹子很容易找到，而且它孔隙度高、比重小，很适合用在水上漂浮。

这是个好办法。

……

"比重"我听过，不过"孔隙度"是什么呀？

比重指的是物体的重量和体积的比值。孔隙度则指的是物体体内孔隙体积与自身体积的比值。

牡丹截面

竹子截面

什么嘛，很简单，不就是说孔隙度越高，里面越空吗！

用这么难懂的字眼，卖什么关子……

哼

哼

了不起，小明。

怎么你连这都知道呢？

北京第八中学。

在学校里学的，我们学校很重视科学知识在实际生活中的应用。

小明你上的是哪所学校？

学校？

上……中学！

那所学校我听说过，是中国最早开办超常教育实验班的学校，实验班的学生要在四年内把从小学两年、初中三年和高中三年八年的课程全部学完。

听说那儿的学生一般14岁左右就能上大学了，是真的吗？

真了不起啊，你。

……

哼！

聪明是好事。不过，制作竹筏肯定需要很长时间吧？

不需要，因为不是长距离使用，所以做个简易的就行。只要收集齐材料，几个小时内就能完成。

那赶快找材料吧。

等等。

既然要用竹筏，不是在哪里渡江都无所谓吗？

是指江面窄的地方吗？

不是那样的。

渡江之前，首先得找好合适的渡江点。

由于水流的原因，渡江时无法直线前进，所以登陆点总是在渡江点的斜前方。

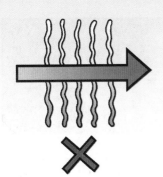 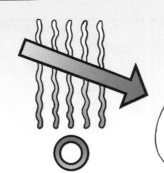

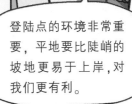

登陆点的环境非常重要，平地要比陡峭的坡地更易于上岸，对我们更有利。

考虑到这两个因素，我们应该选择在流速相对平缓的江面拐弯处渡江，江水内侧的半月形堆积地可谓是最佳的登陆点。

没错，一旦出发必须在一定的时间内完成渡江，所以选定位置很重要。流速也是个必须考虑的问题呢。

你加入之后，我们这个小组更强大了呀。

怎……怎么？好像只有我受到了排挤……

一团和气

呵呵~

危险，情况十分危险。

哦哟？

......

小明，他……应该不是天才少年，而是隐瞒了年龄吧？

......

......

你是怎么想的？

萨莉玛。

太好了,那现在就去砍竹子吧?

等一下,四个人分成两组来找比较好吧?

……

赞成。

我也赞成。

分别在江的上游和下游寻找,如果找到了就点火做信号。

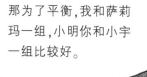

那为了平衡,我和萨莉玛一组,小明你和小宇一组比较好。

什么平衡?

我和萨莉玛的IQ大概都是120,小明大约是150,和IQ100的你组成一组正好平衡。

?!

刷啦啦 刷啦啦 刷啦啦

该死,真是越想越来气!

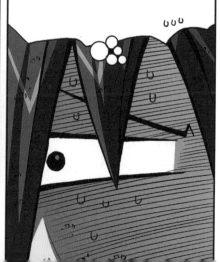

头脑好学习好就是一切吗?这样下去就完全把我给比下去了!

咔嚓 咔嚓 咔嚓

咔嚓 咔嚓 !!

是水巨蜥。

那……那个！

马来西亚水巨蜥体长可达3米，体重可达26千克。

其食物包括小型哺乳动物、鱼类、腐烂的肉等，它是肉食性动物。

它的下巴非常有力，人被咬到的话可能会负重伤。

扭头

它往这边看了！

DHH DHH

DHH DHH

它在干什么？是不是发现我们了？

它用舌头捕捉空气中的气味分子来判断我们的位置。它的视力很差呢。

DHH

DHH

丛林里的动物遇到人一般都会躲开,它这样是不是很奇怪?我们又没有威胁它,它为什么攻击我们呢?

也许是因为领地和食物的原因吧。

它以为我们在窥视它的食物,所以发火了。

......

没必要和它打,我们向后撤吧。

是啊。

DEE DEE

哎呀?

这……这是什么?

又有一条江!

水面非常平静没有波浪,这是湖水。应该是牛角湖……

牛角湖?

江水到了平原地带,会曲折成环状流动。外侧水流湍急,土壤渐渐被侵蚀;而水流相对平缓的内侧土壤则逐渐堆积。

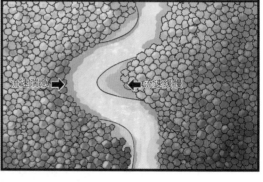

流速湍急 ➡

⬅ 流速缓慢

其结果是江流的外侧变宽、内侧土壤堆积增多，变成马蹄形状。

洪水流过时流速增快，侵蚀作用加速，土壤堆积形成的地带会断裂，形成圆环状的湖。

因为这种湖的形状像牛角，所以才叫做"牛角湖"。

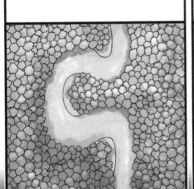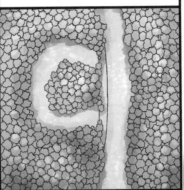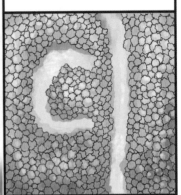

啊，原来如此！

我什么时候说想知道啦？

？

嗖嗖

不能放松警惕，我不能像她们一样为他的博学折服。

啊！！

看那边，是点火的信号！

很快就找到了嘛。

这个用来做竹筏是不是太细了?

快来!

不,这种粗细适合搬运,也适合制作。

那快动手吧。

看我的!

哎呀?

怎么砍不断啊?

怎……怎么会这样呢?

……

喂,以你这种速度今天之内还能做好竹筏吗?

咦!

咦!

竹子的纹路是垂直的,所以砍竹子的刀要与竹子成一定角度才省力。

竹子越粗,要砍的切面就越宽,硬生生用刀砍很费力气。

呼呼呼

这时如果用火在竹子根部稍微烤一下,竹子就很容易被砍断了。

嗖

嗖

这样子。

啪

咔

咔

咔

哇,好神奇啊!

好，那这里交给我，你们去找捆扎竹筏的藤蔓吧。

全部？

用火烤的方法虽然省力，但弄不好也会有危险……

哼，哪有什么危险？

过于谨慎了吧……

反正交给我就行了。

知道了。

嘿嘿。

啪！

啪！

哇哈哈哈，我果然是天才。

这样的话就能一下子把它们都砍断了。

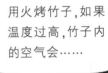

刚才你说也可能有危险是什么意思？

用火烤竹子，如果温度过高，竹子内的空气会……

哪儿传来的声音？难道是……

水巨蜥

　　水巨蜥是巨蜥科的爬行动物，生活在亚洲南部的孟加拉湾、菲律宾群岛，澳大利亚及其周围的岛屿上。头窄长，吻较长，身体布满细小的鳞片，四肢粗壮，尾扁平，背部的部分皮肤上生有高高隆起的龙骨突起，龙骨突起原本是某些鸟类的特征。

●猎食：捕食小的哺乳动物、鸟、青蛙、蜥蜴、鱼类等。捕食时，不是藏起来蹑手蹑脚地偷袭，而是直接扑向猎物。虽然体型较大，但速度快、行动十分灵活，追击猎物时很少会让猎物逃脱。为了抓住猎物，有时也会潜伏 30 分钟以上。

●栖息地：在江边、沼泽或近水的平地上挖洞生存。被敌人追击时，有时会爬到树上，再从树枝上跳入水中。

水巨蜥 (Varanus salvator)
体　长：最长 3 米
体　重：25 千克以下
栖息地：亚州南部、澳大利亚及其周围的岛屿

©Olexandr Topchylo

使物体漂浮的力量——浮力

重量超过 1 千克的竹子能浮在水面上，但不足 100 克的小石块却会下沉。1 千克的钢筋在水中会下沉，但数吨重的钢筋船却能浮在水面上。不同种类或形状的物体在水中之所以漂浮或下沉，是由于各自所受的浮力不同。

●什么是浮力？ 物体浸在某种流体(液体与气体的合称)中受到的垂直向上的力就是浮力，其大小值等于排开流体的重量。例如，体积为 1 立方米的物体浸在水中时，会有相当于 1 立方米水的重量的力推开物体。如果物体比同等体积的水重，由于浮力小于重力物体会下沉；相反，如果物体比同等体积的水轻，浮力大于重力，物体则会浮在水面上。

在水中漂浮的条件 物体所受的重力< 浮力
在水中下沉的条件 物体所受的重力> 浮力

空气　空气

浮在水面的状态：水箱里充满空气。
潜水艇所受的重力 < 浮力

潜水状态：水箱里充满水。
潜水艇所受的重力> 浮力

水　水

潜水艇的潜水原理

第6章　制作竹筏

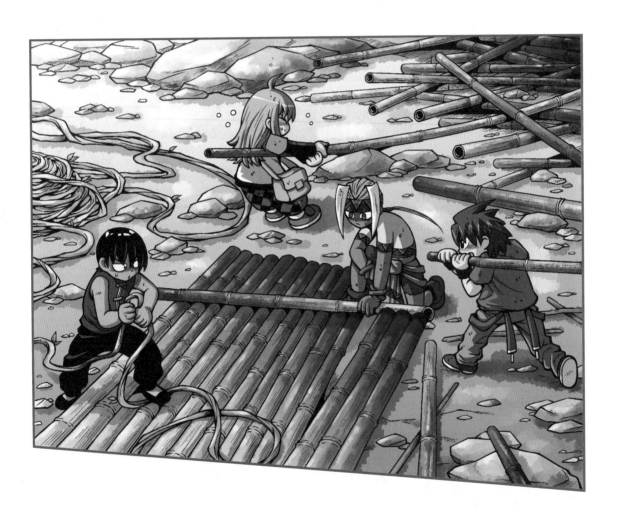

萨莉玛一个人砍那么多竹子能行吗？

真有些担心呢。还是该留下帮帮她才对……

行了！你又想闯什么祸呀？

这……话说回来,还要再走多久？

这里不到处都是藤蔓吗！

哈。

哈。

并不是所有的藤蔓都能当绳子用的。

新发芽或不结实的不能用,从地上生出向一侧延伸攀爬到树上的才能用。

萨莉玛说过,香蕉树用起来很合适吧?

没错,整棵香蕉树都是由纤维束构成的,拧成绳就可以绑东西了。

但香蕉树的纤维太坚韧,要拧成绳必须先在水中浸泡一段时间才行,我们可没时间等。

这么说找藤蔓是最现实的了。

找到了!

看,看!那是我们要找的藤蔓吧?

你们只知道聊天,怎么能找得到呢?

哎呀,累死了。

现在只要把这些搬走就行了。

好,再加把劲儿。

等……等一下。

稍微休息一会儿再干不行吗?

……

为了收集藤蔓我都累坏了。

我也觉得有点晕……

阿拉,你的身体没有痉挛或者发烧吧?

那倒没有,不过为什么这么问?

事实上我也有类似的感觉,在我看来这应该是脱水的症状。

脱水的症状?

人体的 70% 是水分,它们的作用是将体温维持在 36.5 度左右。成年人通过呼吸与分泌,每天大约需要消耗 2.5 升水。

70%

但在酷热潮湿的热带雨林中活动的话,会比平常多流好几倍的汗水,如果不能及时补充水分,将体内维持生命必需的水分也消耗掉的话,那就危险了。

哎呀呀,回来呀,我的水分……

70%

啊 啊

小宇,你怎么了?莫非是痉挛?

啊啡啡啡啡啡

哆嗦 哆嗦

不是,我是在憋小便呢。不是要保持身体中的水分吗!

哆嗦 哆嗦 哆嗦

你怎么总是做这种傻事?

没必要因为这个而忍着。

什么?!

这里要多少水就有多少水。

?

?

真的?

哪儿?

水在哪儿?

水就在这里面。

在竹子里?

竹子里面有通过根和茎自然渗出的干净的水。

敲一下听声音就能知道。

这样砍一个口子就能喝到干净的水了。

哎呀，居然哗啦啦地流出来了呢。

哇……我也要试试！

哗啦啦啦

嗳

哎哟，终于搬到岸边了。

大家辛苦了！

哗啦啦啦

现在开始制作竹筏吧。

全都交给我吧！

哇哈哈！

……

不过从哪里下手？

我把竹筏的形状简单画一下。

这就是我们部族使用的传统的竹筏的样子。

看上去并不复杂呀。

没错，并不难。

在长竹子上面垂直排列许多根短竹子，然后用藤蔓绑紧就行了。

这……这样绑？

开什么玩笑？绳结绑得乱七八糟怎么行？一会儿就全散了！

你不知道怎么打绳结吗？

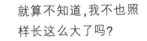

就算不知道，我不也照样长这么大了吗？

胡乱地缠很多圈不一定结实。制作竹筏时，必须根据要缠绕竹子的方向与位置，使用固定的打结法。

喊！

这样不行，我先来做个示范，你们学着做吧。

首先，把藤蔓的中间部分结结实实地固定在长竹子上，最好缠绕两圈。

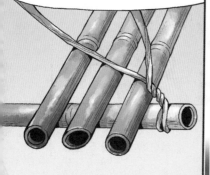

然后展开藤蔓，以8字形状将短竹子一根一根固定在长竹子上。此时，必须将长短竹子的上、下、左、右都缠紧才行。

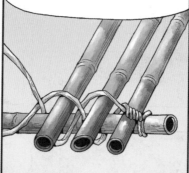

要想缠紧的话，比起缠绕的圈数来，捆绑的力度更重要。所以必须使劲儿把竹子固定好之后，再打个结才算完成了。

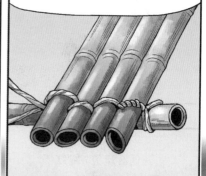

现在萨莉玛打的结叫做"捆绑结"，主要在制作脚手架或木筏时使用。

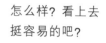

怎么样？看上去挺容易的吧？

嗯,是挺容易的。

脑子里是理解了……

什……什么呀,
他们的表情……

好像根本就没
听懂嘛。

几个小时后……

绑紧

先停下手头的活,
大家一起把竹筏
推进江里。

……

哗啦啦

你干什么呢？竹筏还没完成，万一掉进水里怎么办？

所以才需要尽快检测一下竹筏能不能载人。假如平衡性不佳或者浮力不够，就必须再进行加固。

啊哈！

怎么不早说！

······

看起来浮力有些不够，需要加宽竹筏。

剩下的竹子不多了呀。

我去再找些竹子回来。

等一下！干脆制成舷外支架（outrigger）独木舟怎么样？

舷外支架？

在主船体的两侧各添加一块浮游体，这就是舷外支架独木舟。用这种形态制作独木舟或木筏时，船体不需要很大，也可以增加浮力。

这个办法不错，就这么办吧！

哎哟……

终于完成了！

比想象中的速度快，太好了！

必须掌握的基本打结方法

　　人类很久以前就知道如何将绳子系在一起,打成各种各样的结,并且在狩猎、捕鱼、建造房屋、搬运物体的时候普遍使用这一技巧。文字产生之前,古代的人们甚至还用绳结记录数字和事件。今天,在野营、登山等户外活动中,打绳结是必须掌握的一项重要技能。必须掌握如下几种基本打结方法:

渔夫结

利用平结将两条绳连接在一起,或者将一条绳子的两端绑在一起连接成环。

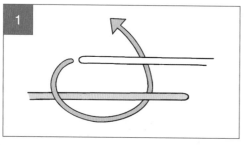

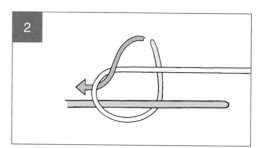

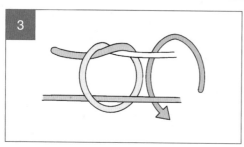

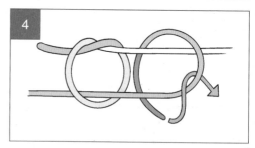

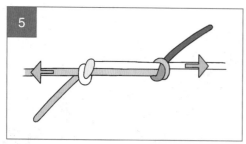

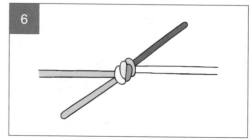

称人结

将绳索固定在其他物体上时使用,宜结宜解,可调节大小,安全性高,所以被称为"绳结之王"。

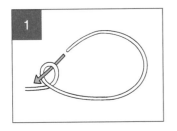
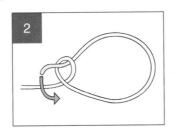
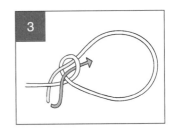
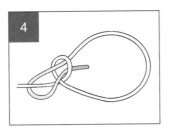
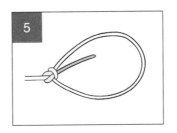

反手结

最简单最基本的绳结,宜结,但假如拉得太紧,则不太容易解开。常用于在绳子末端打一结点,以防止绳头散开。

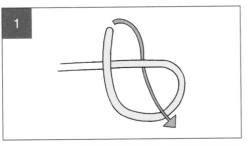
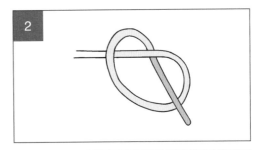
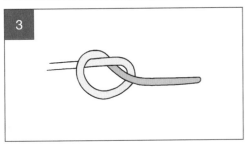
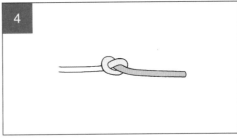

维持人类生命的水

人一天所消耗的水大约为 2.5 升：呼吸过程消耗 0.6 升，通过皮肤蒸发 0.5 升，大小便排出 1.4 升。通常人体中水分的比率约为 60%~85%，假如身体丧失了三分之一的水分，人就会陷入危险状态。所以每人每天必须要摄入 2 升左右的水。人体内水分的作用如下：

● **维持体温**：人体的体温升高时，会通过皮肤上的汗水蒸发来调节体温。天冷的时候，体内贮备的水分使人体温度不因外界温度低而降低。假如人体内没有水，那在炎热或寒冷的环境中要维持体温正常是不可能的。

● **供给营养**：我们所摄取的营养成分在水中溶解，变成身体可以吸收的形态，供给身体的各个部位及细胞。

● **排出废物**：人体新陈代谢产生的废弃物以溶于水的形态通过大小便与汗水排出体外。

水分缺失不同比率时人体的变化

体重的 1%	干渴
体重的 2%	干渴、茫然的不快、食欲丧失
体重的 3%~4%	运动能力减退、小便量减少、口干、呕吐、无力
体重的 5%~6%	体温调节能力丧失、心跳加速、呼吸急促
体重的 8%	眩晕、昏迷、严重乏力
体重的 10%	肌肉痉挛、平衡感丧失

第７章　湾鳄的袭击

费这么大劲儿，才离开江岸这么一点距离。

喂,小明! 再加把劲儿!

哗哗哗哗哗

是因为水流太急了吗?

没看见我正用全力吗?

吭

刷啦

大家到竹筏后面合力推。

岸边的水浅,竹筏会触到江底,大家一起把竹筏往江中间推吧。

好,三个人一起推吧。

一!

二!

咔 咔

三!

澎 澎

再来一次!

一!

二!

三!

澎 澎 澎 澎

竹筏终于可以顺水向前方漂了。

行了！

澎澎澎澎澎

哗哗哗哗哗

那我们去前面掌握方向吧。

好的。

也许因为是江中央吧,水流更急了。

竹筏好像下沉得很厉害,没事吧?

你别自己吓自己,刚才不是测试过了吗?

小宇,你负责看上游有没有漂过来的浮游物。

已经看过了,没有。

一定要看仔细了,现在是雨季,从巨木到动物尸体,什么都有可能出现在江中。

假如被那些东西撞击到,这竹筏就散了。

知道了,我会仔细查看的。

江水这么浑浊,浮游物又大部分潜在水中,所以也可能不容易被发现。

是鳄鱼！

鳄鱼逃走了吗？

小明不见了！

要尽快找到小明！

噗

小明！

小明！

小明！

小明，你在哪儿？

哈!

哈!

行了!

伙伴们,快帮我把小明拉上来!

嗯!

咳!

咳!

咳!

掉进水里的那一瞬间,我还以为我死定了呢。

没受什么伤真是太好了!

你的水性也不赖吗!

呼呼

……

糟糕了!

怎么了?鳄鱼又出现了吗?

……

那倒不是……

刚才光顾着和鳄鱼搏斗……

居然错过了目的地。

那……那怎么办?

肉食动物的咬力排名

对于肉食动物而言,最有力的武器莫过于它们的牙齿了。肉食动物的牙齿所发挥的强大威力来自它们的咬力(上下颌咬合的力量)。在地球上,咬力最强的肉食动物是鳄鱼,鳄鱼的咬力能高达2268千克,而人类的咬力仅为50千克。除了鳄鱼之外,其他咬力强大的动物还有如下几种:

●鳄鱼龟:世界上最大的淡水龟,根据非正式记录,有人曾发现过一只182千克的鳄鱼龟。鳄鱼龟藏身于水底的淤泥中,利用蚯蚓状的舌尖做诱饵捕食鱼类。潜入水中的时间可长达40~50分钟。

鳄鱼龟(Macrochelys temminckii)
咬　力:约455千克　　**体　长**:60厘米
体　重:80千克
栖息地:美国东南部

●鬣　狗:食肉目的中大型肉食动物,一般人们认为鬣狗只会盗取狮子或猎豹等猛兽的猎物,或吃它们剩下的食物,但其实鬣狗本身也具备优秀的捕猎本领,它们利用灵敏的嗅觉来追击猎物,许多只鬣狗一起捕猎时,甚至能够猎杀大型的牲畜。

斑鬣狗(Crocuta crocuta)
咬　力:约450千克　　**身　高**:76~92厘米
体　重:60~80千克
栖息地:撒哈拉沙漠以南的非洲

●老 虎：猫科动物，与狮子并称为陆地上最强的动物。利用低沉而具威慑力的吼声令猎物胆战心惊，然后用强大的前爪与牙齿制住对方。但奇怪的是，老虎的捕猎成功率并不高，仅有10%的成功率。

苏门答腊虎 (Panthera tigris sumatrae)

咬 力：300~400 千克	体 长：215~255 厘米
体 重：75~140 千克	栖息地：苏门答腊岛

●狮 子：拥有"百兽之王"美名的肉食动物，从古至今都象征着王权的威严。捕猎小动物时用前爪将其一击致死，捕猎大型动物时扼住动物的脖子、嘴巴或鼻孔令其窒息而亡。与独居的老虎不同的是，狮子过的是群居生活。

狮子 (Panthera leo)

咬 力：300 千克以上	体 长：165~250 厘米
体 重：100~250 千克	栖息地：非洲、印度

●大白鲨：与虎鲨一起被归类于鲨鱼中最凶猛的种类。作为典型的食人鲨鱼，大白鲨攻击人类的事件每年都会发生，导致许多人丧命。另外，据说曾在某只大白鲨的肚子里还发现过汽车牌照、拖把等物品。

大白鲨 (Carcharodon carcharias)

咬 力：250 千克	体 长：6.5 米左右
体 重：1 吨左右	栖息地：印度洋、太平洋、大西洋

第8章 分崩离析的竹筏

没错,长时间在水里并不能断定它已经死了。因为鳄鱼的心脏有两个心房两个心室,是唯一一种与鸟类、哺乳动物具有相同心脏构造的爬行动物。它的右心室与肺动脉交界处有一片齿状瓣膜,潜水时瓣膜闭合,血液就不进入肺动脉而是流向身体的各个部位。它鼻孔上的瓣膜也同时闭合,因此它可以在水下待上30分钟。

30分钟那么久?

这我以前还从没听说过。

这么说来……

它很可能要再次攻击我们了。不能放松警惕

把这个拔出来当竹篙用就可以了。小宇,帮我一下!

这是个好办法!

知道了!

刷啦

刷啦

刷啦

刷啦

啪

啊啊!

嗖

萨莉玛!

咣当当

怎么了？

现在怎么办？

遇到鳄鱼怎么办？

还有一段距离，在撞上礁石之前跳水吧。

哗哗哗哗

鳄鱼在水里把竹篙拖走了！

就算有鳄鱼，也没其他办法了。

现在放弃还太早。利用那块礁石或许可以将鳄鱼彻底摆脱掉。

啊！

梆 梆

所以现在要……

梆 梆 梆 梆

嘭啦

看来是想用声音来引诱鳄鱼，能成功吗？

是时候了，
大家一起跳！

热带雨林历险记⑤《魔鬼镰刀手》
精彩仍将继续,敬请期待⋯⋯

爬行动物之王——湾鳄

湾鳄分属于鳄目鳄科，是现存世界上最大的爬行动物。它是鳄目中唯一颈背上没有大鳞片，而覆盖着珍珠状的鳞片的鳄鱼。人类为了得到鳄鱼皮而对湾鳄进行肆意捕杀，加上它们的栖息地被破坏，全世界的湾鳄都面临着灭绝危机。尤其在斯里兰卡与泰国，自1999年至今仅发现过两只湾鳄，之后就再也没有它们的踪影。

●生　态：雄性湾鳄成年后体长可达到7米，雌性湾鳄最大体长约为3米。湾鳄幼年时主要吃昆虫，但随着成长，开始捕猎乌龟、蛇等爬行动物及水牛、野猪、猴子等动物。湾鳄是极其凶残的肉食爬行动物，曾有人看到湾鳄捕食大型鲨鱼——大白鲨。它们主要生活在海岸边，但在淡水中繁殖，雨季时会出现在内陆的湖水、江河或泥沼中。

●特　征：湾鳄具有较高的智商，不仅可以发出声音威胁入侵者，还能用声音与其他鳄鱼进行交流。母鳄对幼鳄的照顾非常细心，产卵后会一直守在窝边保护卵不受天敌的伤害，幼鳄出生后母鳄会用嘴巴叼住它四处移动，直到幼鳄学会游泳才让它离开。

©Djambalawa

湾鳄（Crocodylus porosus）
体　　长：7米左右
体　　重：1000~1200千克
栖息地：澳大利亚、婆罗洲、印度、帕劳等地

长吻鳄 VS 钝吻鳄

鳄鱼是生活在侏罗纪初期的爬行动物原鳄(Protosuchus)的后代,由于几乎没有进化,所以鳄鱼又被称为活化石。目前我们所能见到的鳄鱼大致分为长吻鳄与钝吻鳄两种,它们分别具有如下的特征。

●长吻鳄:生活在亚洲、大洋洲、非洲、美洲热带地区的爬行动物。嘴巴呈狭窄的 V 形,嘴巴合拢时下颚两边的第四颗牙齿会突出。尼罗鳄是人们提到长吻鳄时最常想起的种类,不管是爬行动物还是哺乳动物,只要遇到尼罗鳄都会被捕食。性格凶残,时常攻击人类。

©Shutterstock

尼罗鳄 (Crocodylus niloticus)
体　　长:5~6 米
体　　重:1000 千克左右
栖息地:非洲大陆与马达加斯加岛

●钝吻鳄:主要有栖息在美国东南部的密西西比鳄与生活在中国的扬子鳄两种。钝吻鳄的嘴巴呈较宽的 U 形,嘴巴合拢时下颚的第四颗牙齿不会突出。与长吻鳄相比钝吻鳄的性格较温顺,遇到人类时会避开。

©Shutterstock

密西西比鳄 (Alligator mississippiensis)
体　　长:4~5 米
体　　重:600 千克左右
栖息地:美国东南部

图书在版编目(CIP)数据

大战湾鳄 / (朝) 洪在彻著；(韩) 李泰虎绘；苟振红译.
-- 南昌：二十一世纪出版社，2013.6(2023.9重印)
(我的第一本科学漫画书. 热带雨林历险记；4)
ISBN 978-7-5391-8606-1

Ⅰ.①大… Ⅱ.①洪… ②李… ③苟…
Ⅲ.①动物–少儿读物 Ⅳ.①Q95–49

中国版本图书馆 CIP 数据核字(2013)第 087768 号

我的第一本科学漫画书
热带雨林历险记④ 大战湾鳄　　[韩] 洪在彻 / 文　　[韩] 李泰虎 / 图　苟振红 / 译

出　版　人	刘凯军	
责任编辑	李　树	
美术编辑	陈思达	
出版发行	二十一世纪出版社集团	
	(江西省南昌市子安路 75 号　330009)	
	www.21cccc.com　cc21@163.net	
承　　印	江西宏达彩印有限公司	
开　　本	787mm×1092mm　1/16	
印　　张	11	
版　　次	2011 年 8 月 第 1 版　2013 年 6 月第 2 版	
印　　次	2023 年 9 月第 24 次印刷	
书　　号	ISBN 978-7-5391-8606-1	
定　　价	35.00 元	

赣版权登字–04–2011–236

培养孩子勇气与智慧的生存宝典！

我的第一本科学漫画书

绝境生存系列

本系列书三大特色

◆ 内容丰富多元，故事紧张精彩，让孩子爱不释手、一读再读。

◆ 借助活泼可爱的漫画人物，以及富有趣味性的情节，将枯燥难懂的科学知识变得
生动有趣。

◆ 每章漫画单元后，均附有清晰完整的彩图及文字说明，让小读者能更深入地了解
完整准确的科学知识。

玩游戏，看漫画，学数学，轻松提高逻辑推理能力！

数学世界历险记

（共八册）

- 开　本：16开
- 定　价：35.00元/册

　　每次数学测验都考倒数第一的郭道奇，他的父母却是数学家。一天，道奇收到父母从美国寄来的一台虚拟游戏体验机，坐在这台游戏机里，道奇进入了一个虚拟的数字世界。数字世界里所有的游戏角色都是立体的，与现实世界中的人一样大小，一样有感情，被他们打了一样会觉得痛。不仅如此，这里还有一个叫路西法的人工智能程序，居然想要统治现实世界。道奇的任务就是解答路西法出的各种古怪的数学难题，阻止路西法的阴谋。

　　这套由小学数学老师参与编写的漫画故事书中，穿插介绍了数学基本概念、数学家的故事、数学知识在生活中的运用等。全套书共八册，每册里都有几个学习重点并配以难易程度不同的数学题。漫画迷们在玩游戏、看漫画的过程中，就可以培养学习数学的兴趣和提高推理能力。

创作团队

洪在彻　韩国著名漫画策划人，《我的第一本科学漫画书·绝境生存系列》《我的第一本科学漫画书·热带雨林历险记》等科学漫画书的作者。

柳己韵　《神秘洞穴大冒险》《原始丛林大冒险》《地震求生记》《南极大冒险》的作者。

文情厚　创作《神秘洞穴大冒险》《原始丛林大冒险》《地震求生记》《南极大冒险》的漫画家，其作品多次获得漫画奖。

李江淑　首尔金童小学数学教师。